#1

			2	8	7	4		
	4							
8					3		2	1
5				2		9		3
9			4	5			8	
	6	2	9	3				7
	2		8	7				6
			1		5		7	4
				6	2		9	8

7	9	6			2	8	5	
8		3					6	
			5		8	7	3	
				1				
6					7			
9					6	1	4	7
	6	9	8					3
3		8		9	5			
2			6			5	9	8

#3

2	7	5	8			1	4	
	9			4	3	2	5	
8	4		1	2	5			
3		4	2	7	1		9	
		2	9	3	6	7	1	
		7			8	3	6	2
	5						2	
4	2	8		1		5	3	9
	3			9			8	7

#4

	3							
			8	3	9			
	2	9						
8	7	1			4	3		
		4	3	7			8	9
9	5			1	8			
			4		1			6
3		5		6	7		1	
1	4		5					2

#5

1	9		4	2		8		
	4		6	5	7			1
	3	5			8			
		8			5		6	
3	5					7		
				7	4			3
	2	7			9	1	4	
	8				1	9		
			8				7	

#6

6			5		2			
	2				4		7	
4			3	7	8		2	
		2		8		3		7
			6			9		
	3	5	2	9	7	1		
		8		3		5		9
3			7	4				8
	5					7		

#7

							9	3
		3	6	8				
2				9	3	7	8	
6								
4						9	1	
9	8	1						2
		7	8	1	9	2	3	
8			5				7	9
				7	6		5	

#8

								3
		8					7	4
7				3	2		9	5
	8			9	1			2
3							8	
5					7	9		
	9		7	4				
2	6					7		8
	7	4			5	3		9

#9

	3		6			2		
							8	
	4	2		3		5		
	1				7	9		
6			9			4		
			3		6		7	
	2	8			1	6		
4			7	9				2
9				6	2	3		1

#10

5	4					9		
		8	3		4		7	
		7			2	1		3
1							3	
		9		7	1		6	
4			9	3		2	5	
6		4			3			
		2			5	6		
				8	9		2	4

#11

	3	4						
		2			5			
			8	4				5
							2	9
2			4					3
3		9			6	5	8	1
1			5	6			7	8
4			3			2		
8	6				1			

#12

					4			
		4	2	6				
	2	7	5	1				
	6	9			5		3	8
1				2	6	7	5	
		5	1	8	3	6	9	
7		6	4	9				3
8				3				9
	9		8	5				1

#13

			2		1			
					8			
	6				9	7		
		5		3	7	2	8	
6							9	5
2				8	5			
4	1		8	7			5	6
7		6			4		1	2
5							7	3

#14

		2						9
	5		6		1			7
		1	5	9	8		2	
4					5	8	9	
1		6	9					
5	9					2	3	1
3			1			9		8
				6	4		5	
	1	5		3		4		

#15

				6		2	5	4
		5	9				3	
4	8			7	3		6	1
8	7	1	4	5		3	9	
	2							
	3				2		1	7
	5	7			9	4	8	
2		8			5		7	

#16

4	3		2	9				
5							2	9
9		8	1				6	3
			9					
2				3		8	7	1
	8			4	2		9	5
1		5			9	7		
					8	9		
8	9				7		5	4

#17

			1					7
2	4	9	6		7		8	
5			8	9	2	6		3
			3	8		4	5	
1					5			
	6					9		8
	5	2	7			3	6	
		3	4					9
		4	5					

#18

9			2			6	3	1
8						4		7
1	5	6						
		8	4			1		
			8				4	3
3		5	9	1	7			6
		7	5	4	1			
	1			9			6	
	2	9	6	8				5

#19

	8				1	2	7	
	3	4			2	8		6
5						1		
3	1	8			4	9	6	
	6	5		8			1	
	9		1			5		
	7	6	4	2				
			6					
				7	3		4	8

#20

8	7		6			5		4
				4				9
4			8	9				
	5							
	6		3	1	7			2
1	4	2					3	7
	9		1	2			7	
			9		3			
2	8			5	6		1	3

#21

				6	8	5		
	4	3			2	6		1
			3	4	1	9		
9	3		1	2	4		6	
		8	9	5				
								3
	8	6				3	1	9
		9			6		5	2
5	1	2		3				6

#22

6	3		9		1	5	7	4
	2							
1			8	4	7	2	6	3
	8	6			3			2
	4		2	7		8		
								5
2				9		1		7
8						3		6
	7	3	1					8

#23

7	9	5		2		4		
2							1	9
6			7		4	2	8	
	4	9	3	7	5	6		
		8		4			5	
			8					4
9		7						
						5		6
4		6	2	5	9			

#24

		9	7	6		3		
5		7			1	8		2
	8			5				9
			3	2				
	6		5		4			8
	4						1	5
1		5	4			6		3
4	2			3	5	9		
3		8	6			5	4	

#25

6	2		8			9	1	
		7			9		2	6
4		3						
				8			3	9
		9	3		6		7	
7								
			5	9				
			6	2	1	4	9	7
		6						2

#26

				3		2		9
6	2	8		9				
	9		2	6	7			
		9		8		6	5	
	7		6	5		8		
8		6	1		2	3	9	
9	8			2			1	6
4		2			8			
	3	1				5		2

#27

8					3		9	2
	6	5			4			8
9						5	6	4
			4					
1	4	2	7				5	3
6	3	7						
	9	1	2					7
		8				3	2	1
7								

#28

		1		9				6
9	2	6		3	7		1	
	5			1		3	9	
6		4	8					3
				4	3			1
				2	1	4	8	
3	6	5	9	7				
2							3	
		9	3			2		7

#29

7					8	9	4	1
8		2		4				
		5		3		7		2
3			7				2	8
		1	2		4	6		7
				1	3			
	8				1			9
				7	5	4	1	
5	1					8	7	

#30

5			9	4	7			8
						6		
7	4	1		8				
1					3	4	9	6
3		6			4		5	
			1					
9	3			1	5		6	
	7				6			
	1			7	9		4	

#31

	9	5		1	3		4	
			5			9		
		6				7		
4		3			7			
	2	8	3	5	6			
7		1			8		5	3
		9		8	1			
5		7				4		
	1	4		7		3	9	

#32

	3		1				4	
		2	9	4	7			
			3			8	1	
5	1		2		3	6	9	
	9	3	4					
8							2	3
	6	1		7		9		5
				9	4			
9		5			1	4		2

#33

3		9		2	1			6
7	6				3	8		
	4		6	7			1	
		8		4				2
	5							1
						5	8	
	1	3		5	6	9		4
			1	8	4		5	
			7	3				

#34

5				1		9		
	9			3	8			5
	6	3		9		7		2
		4	7				2	
	1					3	4	
		7			1	8		6
	5	8				2	9	
								3
			9		2	5		1

#35

2				8		5		
4	6	1			9			8
					1		4	3
6							3	
7			2		8			5
5			4				9	1
	7			9				
3			8				5	
8	4				6			

#36

7		9				8		
	6	1	4		9	7		
	2			3		1		6
9	7	6						8
1		3			6			2
		2	8					9
6					7	2		1
		7	5	1	2		6	
							3	

#37

9	2	8						1
				8				
1	5		6		3		4	
7			2		4		8	3
5		3	8				7	
	8			3			5	
2			1		8			
	1		4			7		6
4		9		6		2		

#38

5								
			5			7	9	
					4	2	5	6
	4	3		1				
1	2	5			3	9	6	
	9			2	5		3	4
	3				1	6	2	8
2			3				1	
9		6	8		2			

#39

	6		5		9		8	
			1	4			5	7
		2	7		6			
		8	4			9		
2	7	4			8	5		3
		6	3		1	7		
	2	3	6	9	4		7	
		7					3	2
4			2	7			6	

#40

			3	2	8	9		
3	9	8	4			5		2
	4	1	9	6	5	7		3
		4	6			8	3	
8	7		5			2	1	
1	6			8	3	4	7	9
5	8		1	3		6	2	
4			7	5				
6	1	7		9	2			

#41

					4	6		5
3		5		9	2			
4		8	7					2
				7		2	5	9
8				6			1	4
2	7	1		5		8	6	
	2	4		1	7			
1	3				8		4	
			9				2	

#42

					8			
			6	4	2	5		8
	8		5		7		6	
	9			6	5			7
			9	2		3		5
	2		7					
7	1	8	3		4	2		
2	3				6	4		
	5	6		1		7		3

#43

					9			
			4			7		
	1		8	7	5			3
6		4		5				1
5	2				6	4		
9	3	1			4		7	
		6	5				1	
1		8	9			3		
4	9	2	6			8		

#44

8	2	1				4		
		9				3	1	
	7		1		8			
	5	8		3	6			
	3		4			6		
9	6		7					
	9				4	7		
4	8		2	1				6
		6	8	5				9

#45

	2	7		1	8		9	
		5	4			3	1	
4			5					
7			8		5		4	
8				4		5	2	
		4			9		8	
3			9		2		7	
								2
	7	9	6					4

#46

	8				3		9	
		7			2	8		6
				8	9	2		
5		2		7		3	6	8
				2			4	
4	1	8	3					
		3		9				
		5			7			1
1	2					6		3

#47

3			2	1				6
9	6	4	5				2	
	2	8		6	7	3		
	7					6	3	
			9	7	1			
2	4	5				9	7	
					4	5		
		6	3	5	2		1	8

#48

		9		3			1	7
1	5					2		
			8	1	4		9	6
			2				5	8
4				5		7	6	1
5	3		1				2	
				6				2
		5	4		9	1	7	
2		7			1			

#49

	5	3			7	6		
	7		2	1				
		8	6					
6					1	9	3	8
8	4				3		6	
3				6				
	8	4		9		1		5
				7		8		6
9			1		8	7	4	

#50

9			4					
			5		3		6	8
	3	4	7	1				
4				6		8	7	2
5		7			9		3	
	8		2	3	7		4	
			6	7			9	1
	5	1				7		3
				5	1			4

#51

6		2	7	4		9	8	
		1		2	9			
	8	9						4
		4		8		6		9
			5					
8	1		9			4		2
2	9		6	7	5	1		
	6	3			2	8		7
		7			8		2	6

#52

		9	4	7				6
	8		6					
1	6						4	
8						6		
		4		2	7		8	
9				8	6	7	3	4
3		8				4		
5	4			3		9	2	1
	9	1	2		5	3		

#53

	6	1	9	2	7	8	3	
9		3					7	
		7	1					
6	5	4		3	8	9	1	
			4					6
	7	9						
	9				5		8	3
8	3		7		2		4	1
		6						2

#54

2			3		7			
	8	7				2	6	5
1		3			5			
		4	7	8		1	5	3
						7	4	
							1	
6	1	8	5	7	2		9	4
4		5		9		6		

#55

		5						
8				1			6	2
		7			3			
	7		4		1	3		
6	1			2	8	7	4	5
4	8					1		
9	5							3
		8		7	2			1
7			5	3		4		8

#56

				3	9	8	2	
			7		8	4		
8	7	9			1		5	
1			2		5			
							4	3
4			3			1	9	5
			8			9		2
9				7				
2	8	4			3	5		

#57

	1	7	6	3	9			
						1	9	3
		2		8			4	6
	2						3	5
	3		9	5		4	6	
					6	2		1
	7		2			6		4
		1			3			
	6	5	1		4			

#58

1		6	7					8
3				8			6	9
						2		
		4			9			6
	1	2		3	4			
			1	7	5			
2		8	9	6	3		5	
6		1				9	3	7
			5	1				

#59

3					7	5		6
	5	6		2	4			3
1	9	4	3	5		8		
	2		7	1				8
	1	3			5			
	3						6	
			6	3	1	9	8	7
	6				8		1	

#60

						9		7
	8	2		1	7	4	3	
		7						1
	1					2	6	
8		6			2		4	
9	2		6		1	7	5	8
1	6	8		4		3	7	
5					6		1	4
						5		

#61

	7	2	3		5		1	4
	1			6	4	7		
5	9	4			7			8
						5	8	
7							2	
9		8	5			4		
1						3	4	6
3		9	1		6			
		7						

#62

	1					6		
3		6			8			
	9	7			2		5	
				7				6
	3			4	1	9		7
	7	1				5		
7		9		6			8	
5	4	8			7			
	6					7		5

#63

	5		8	6	2			4
	2			7	4		5	
				9	3			
		2		1		4		9
		3	7		5	1		8
				3				
	6		3	5	7			
7		5	2	4			1	
2	3			8				5

#64

2	3	8		1		5	6	9
4	7	6	9	5	3		2	8
5	9	1	2	6	8	4		
6	8			9		3		5
3	1	4		2	5	7	9	6
9			6	3		8		2
8		3	1	7	6	9	5	
1	6		3	4			8	7
7	4	9		8		6	3	1

#65

			2				1	6
				8				
		4		7		2		
1	9					3		
	2	6		1	4	5		9
		8			9		6	7
	8					6	7	
	1			3	6		9	
		2	7	5				

#66

			4				6	2
			8		1	9	3	
								8
3		9			4			
1	7		6	3	5	4		
	6	4	2		8	3	1	
8			1	4			2	3
		1	5		9			
					2	5	9	1

#67

9		3	4					
	6					4		3
7	8	4					6	
8				1				
	2			7		8		
	4	7		5	8	1		6
1				9	6		4	8
4	9				5	2	1	7
2			7	4				5

#68

						9		8
	3	4		8				5
8	6	2				4	3	
5				7		1	6	4
	1		3					
	9	7				3		
2					4	7		
	4		5	2				
3				6	7	2		9

#69

						5		
9				7				
7	6						8	1
6			1				7	
					6	9		4
2	4							6
4				3		7	6	2
3	7	2	8				1	5
		6		2		8	3	9

#70

5	9		6	2			3	7
4		2			5	1	8	9
		3	1			2		
3			2					1
				9		6	7	2
				1	7			3
	2			3				6
6	3	4		5		7		
					6			

#71

6	3		8	4			5	
5					1		3	9
2				3				
9		5					6	4
				5		1		7
7	1	3	2	6	4			5
		6						
	8		5	9		4		2
			4		3	6		

#72

				1		5	4	9
	7	9			8		1	
					9		8	6
	6							1
	5		1	9				
		1		6		8	5	7
7						2		
2	4	8				1	3	5
			2		5			4

#73

5						4		
	8	7			4	1	5	6
2			6					3
1	5							
		2			1		6	
			7	3			4	
	6	3	2		8			7
			5			3	8	2
				7	3	6		

#74

	9	4						2
	5	3	7	9	4			
	1					5	9	4
			4	8				
8		1	6		5		4	
4	2							5
	4	6	9	1		2		7
		7		4		1		
			8			4		9

#75

		6		1	7	3		
	9				2	4	1	
			4	8		6	7	
8				7				4
	4		8	5		7		
	7	1	9	2				6
	1	2		4		9		
		4		3	1		6	
6		7						

#76

7	3		9	8		5		4
		9		6	5			8
5			3	7				
		3			9			
	7	4					3	6
	1			3				
		7					2	9
	9	1	6			8		
2	5	6				4		

#77

	4			6	7		3	
		9	8			7	6	
	7				9		1	
	1				4	3	2	7
				5			8	
3						4		9
		3		9				6
		1			8		7	
7	6	4	3			2	9	

#78

5	7		9		3			
	3				8			
		6			4	8		3
		9					2	5
			7	2				6
			3		5			
8				5				2
	4	1		3	2		8	
	5			8			4	9

#79

		9	6			5		
				5		7	2	1
			4	7	2	6		
	1	2	5		3		6	7
	6							
9			1					
7		3					1	
	8	5					9	3
4		6	9		1	8		5

#80

		6						2
	1							
7	2		6		5	4	3	
2		4	9	6		7		
1				8	2		5	
8		3	5	7	4			
	8	1			6			
6	3	5		4				8
4				5	9			

#81

		1				9	2	7
			9	5		4		8
9	3		8	2			1	
	5		1		6		4	
						7		
8	2			4	5	1		
2		3	6					1
	9	5			8			4
	6			1		3	9	

#82

				2				9
5							8	
	9			7			2	5
2		7		5				
			2	4			9	7
9	5		8				4	2
	8	3	5	1			7	
7	2		4	9		3		8
4			7				5	

#83

			6	2				
				5		2	8	
2		7	3		9	6		
3		2				8	5	
		6		7			1	4
		5			8			6
7		4	8		1			2
6	5					1	3	9
9	2				3		7	

#84

	2	6	5		8	9	1	7
					6			
3	7	5						2
	5	1	6			3	2	
		3		5	4	1		
7					3	6		5
								6
	3			7		5		
5		7	3		1		9	

#85

5		8		2	9	1		
				4				9
		4		6				7
3		6		1	8	7	9	
8		7						
	1		9		6		5	
			7	9			1	8
	4	9	5					6
2		1		3	4			

#86

2			1		6		9	
8	4	6		3	9	1		7
1		9	4	7	2			6
9	8		3		4	7	6	1
4	1	5	2	6	7	9	3	8
	6	3		9	1		5	2
5	7			1	3	2	4	9
	9	4	7				1	5
6	2	1	9		5	8	7	3

#87

7				4				
		9	5		3	1		6
								7
						6		
1	4	5	3		7	9		2
	9	2			5			4
		8	1		6		5	9
	6	1	2		9			
	2			5			6	1

#88

	6						5	3
4	9	1		3	5			
		5	8				1	6
3		9			1	5		
		8		5	7		3	
5	1		3		8	7	2	
			5	7	6			
1			2	9				7
		7			3			5

#89

4				2			1	5
5		9				6	2	
		2	7			8	3	
		6		7				3
		3			9			8
					4	1	6	
6			9		8	2		
		1		5				6
			6	1		7		

#90

			8	4	6			3
	6			5			9	7
				7			8	
1					4		5	8
			1	2		4		6
		6				9		
		1		3	5		7	
3			2					5
	5	2		6	8		4	

#91

9		1		6	8		5	2
	4					1	6	9
6	3	2	5		1			
	6		2					
1				8		2		4
	2						7	
5	8			1		7		
4	1	7			3		2	6

#92

1		4		7				
					4			
6	7	3		1	8			
		8				5		
4		2			5			8
			1	8			2	9
	3		7			6	8	
2			8		1			
			9	5		2	3	

#93

		7	3	9	2			
	5	6				2		
1		9				7		
8	7	3			9	1		6
	4	2		1	3			
			8	6	4		2	
				4		5		
					5		7	2
7			2		1		3	

#94

		1		8	6	7		
3	7		4			6		
5		8		9			2	4
	8		6		9	2		7
6	4		7			3		
							9	
8	3			1		9		
				7	2			
7								

#95

		2				1		3
					6			7
4				1	7			5
	3		4	9	1	8	5	2
8		9			5	3	6	
2	5			6			7	
3	6	7	5			4		9
5		4						8
9	2	8				5	3	6

#96

	2		4					3
	7				9			8
	9	8	1		6		7	2
7								9
9	5					7	2	
		6		9	7		5	4
	3			2		4		6
				4				
1			9		3	2		

#97

	3		7	2				1
	8	7	1		3			
		5		8		7		
3				1		8		
					8			6
	5	1		6			2	9
		8	6			4	5	3
5	7		8			1		
					9		7	8

#98

1					6		4	9
		9			7	2	3	5
		2	9	5	3			
			7	9				
						9		1
	9	8	4					
2	5		6			8	1	
			5	2				4
		1			4	3	5	

#99

		8			5	7	6	3
2	3	5	9	7			1	
7		6		3		9	5	
				4	8	1		5
4				5			9	
		1		6	9			4
		4					8	
		2				6	3	7
6			3	8	7	2	4	

#100

	7		6	4				8
	8			2			1	
5	2	9	8			6	7	4
3		1	2					5
			9			3		
		4		3		8	2	
6		8	4					9
		7			6	1	8	2
2						4		

#101

6	2	3	4	8				1
5	9	1		6		8	4	
8	4		2	9			6	5
1						9	3	
	7	6				5	2	
9			8			6	1	7
	6	4					8	9
2	5	9		3	8	4	7	6
	1		6	4				3

#102

6			9			1		
2	3			6		9		
		5			3	6		7
				3	2	8	1	
	6		5		7		4	
	4				9		5	
	1			5			7	
	7			9		2		
		8				5		

#103

		6	8					
	8				5	6		
3		5	9	6				7
9	1	4		7				
	6	8	4		9	1		
5				8	1			
						4		
			1		3	5	8	9
				5	8			2

#104

	2		8				9	
4			9		2		3	6
			1					
		8		9		5		
6					8			
	9	5	4	2	7	6		1
		3	2		4			
1	7	2	3					
5	6			8	9			2

#105

			1		8			6
5	8		2	3				
	3							8
9			3		7			2
	6	4	9					
			6	5		9		
	1				9			7
2	4	7	8	1				
	9				5	8		4

#106

	7		4	2		1		
9		6		1	5		7	
	2				8	6	4	5
	9				1			
	8	3	2		7	4		
	6			9	3			
2	5		6				1	4
						5	6	
	3	4	1	5	2			

#107

		3	5			8		
				7				9
			2	4	8			7
	9				5			
	7				1		5	3
5	4			9			1	
1	8	4	9	3	7	2		
				8		3	7	
							9	

#108

7		6	4	1				
					7	1		
1	5						8	2
		1	9		8			5
	6		1	2	4	8	7	
8	2					9		
	1				6	4		
	4					3		8
	9	7		4	1			

#109

6	9	5		2		3		8
			5			7		2
7		3	1	6				
		9		3		8		
2			9					
	6				4			1
9	5		3			1	8	
		2	7			4		9
4	1		8					6

#110

				9		5	7	
			3		6		2	
			7		5	1	3	
	3				2			1
	8	1						2
9	4		1		7			5
			9	5			1	
1		9	6		8		4	
			4			9		8

#111

1						2	7	5
7		3		9	6	4		1
4				5	1			
3	4			7	2	5		
		5		6	4		2	
2			8					9
5	2				7			
8				4		9		
	3			2	9	8		

#112

7					1		2	5
9	2		8	4				
3	1	4	2				9	
			1	7		6		
1								4
			5			7		3
		1	3	5		9		
	8	6	4		9	3		
		9		2			6	

#113

	3	7			2			5
						3		7
8	5	6	9			1		
2			5			9		
5		8						1
	7			2		8		4
3	9	5			4			6
6		4				5	7	8
7		2		6				

#114

6			7	1		8		9
					8			5
			5	6	3			7
8				4	5	3	7	
		4		9	7	1		6
	7			3		5		
	4			5				
2			4		9	7		
		1	6				5	

#115

2	1							
5				7	1		6	
					8	5		1
	3			8			1	
9	2		7	1	3			8
4	8		9		6		3	
8	9			2	4	1		
	5			3		4		
					9			

#116

					3	8	4	9
9			8	5	2		3	1
							7	
						7	6	
		2	6	1				4
7	4		3				2	
			5	3	9		1	6
1				6				5
			4					

#117

	7					4		
	9	2					3	
		3		6		2	7	8
		5	4		3	7		
				5	1	3		
6		4		7			1	
				8		6	5	3
2								9
		9	5		4			

#118

			4				9	5
			6	1	9	7	2	8
2	1			8		3		
		4	9	6		5		2
		5	1					
3	9	6			5			
						9		
8		1			4		5	
9		2		5	1		8	6

#119

		8	9					
9	4				3	1		6
						4		7
4	5	3					7	
8		9	3	5	1		6	4
2	1		7			9		
				8			4	
1	8	4		3	7			
3	2			9	5			

#120

4	1			6			2	
						4		
3						9		8
6			4				7	1
	9		7					
		7	3			5		4
7	8	1	9			3	4	
		3		7				
2				3	8	1	5	

#121

							9	
5				4	1	8	3	
3						1		
	3	9		8	7			2
		5	4			3		6
		6	5	1			4	9
	5		2	9				1
		4		7	8	9		3
	1				5	4		

#122

	9	6	1		4			
1			2	9				4
		4			7	6		
9								
	6			5	2			8
2	3					7	5	
		8	7				6	
6						3		5
	1		6	2	5			7

#123

			3	4		8		7
7						5		2
2			7		6	1		
8	1				4	7		9
				8	1			
4		5		2	7	3		8
9		8		6			7	1
1		3				2		
		2	1					5

#124

	3	9	4		7		8	
		6	3					
		8	5				3	9
	1		7	8	4			
7				5	9		1	
4							7	5
8					3			7
3				4	5			1
			8	7		5	2	3

#125

		9	8		4		2	
7	4	1			9		8	
3	2			5	1		7	9
								3
9				2	6	1	5	8
2	8			9	3			
						8		2
			9				3	5
			7	1				4

#126

	8	9				2		4
					4			
	5			3			7	9
7		4	2					
				5			8	
8		5		9				2
	4		8	1	6	5		7
	7	6				1		
1	9	8		7				6

#127

	7				3	9		
5	6		9	2				1
2		4			5		3	6
	2	6						
		5			4	6		2
7				1	2			8
				3		2		
			7			5	6	
6		8						

#128

8	7	9	4					
1								5
					9			
	9			2				
4	3			7		8		
					4		2	
3		5		9	8	7	1	
9			3					2
	8	4	7	1	2	5	9	

#129

					5			8
	6	3	2	7				4
5		8				6	7	
3	1						8	2
9				5		3		
2		6			9			
	4	2		9		7		
	5	9				2		6
			4		7	8		9

#130

6		9	4			5		7
	5		9	2			4	
4		3		6				8
	8		5	9		4	6	
9							5	
	4	5	6					2
	7	1						4
5		4						
		6	1				2	

#131

5		9			3	8		
						9	7	2
							6	
4			8		7		1	
		2					3	
	1	6	5					8
			1			4		
7	4			6	5	1	2	
		1		4		6		

#132

	6		2	1			4	
	8				4			5
	4	5		9	8	6	1	
		6		7		1	2	
4		2						
	3				2		6	
6		3		4	7			2
8			9	2	6		3	

#133

3		9		2		6	4	1
4			9					
6	8	5			1		2	
5			8	7	2			
		7			9			6
		1			4		5	
9	3					2		5
							7	3
		6			5			

#134

	5	2	7		8	1	3	6
				9		8		7
6			5					
5	6				4	2		
7		3						
8	4							
	9		3	8	1	4		
			9		5			8
3	8				2	7	9	

#135

2			7	8		4		
		4			9	5		
			1				7	2
4	6							8
9			6		7		1	
	1		2	4	8	9		
	9			3		1	4	5
5					1			
3	4			7	6			

#136

	8	3				2	4	
	9	7					5	8
	2	1		9				
8			5	6			2	7
9				2			3	1
	3						8	
			7					
	6	8		5		3		
	7		3			8		5

#137

		2			7	9	4	
	6						5	1
			8			3		7
	3			5	8			
	5			2			1	3
	2	1	7		9			
		3				5	6	
2	9		6				3	
	4		5	8			7	

#138

9	3			1		4	2	
	1	4	9	2		3		8
						6		1
					9	1		
7			1			5		
1	9	5		8				
2		1		9				
3				7	6	9		
4			8					6

#139

		3	9		8	7		
7	4	5	1	2	6	9		
8				5		6		4
	6	4	8	9			7	
3					2			6
2				6				9
	7			3		4		
				1	9		2	
		2						7

#140

		4	1	6				
7	8	2		5		1		
1	6		2		7			
2			6			8	1	5
6			7	8				9
		8			1			
5		3	8				9	6
								1
		6	4			7		3

#141

		8		2				
6			7		9	5		
	1	7	5		6	4	2	9
2				1	3	8		
		3		4		6	5	7
		6		7				
	6	2						5
8		1			7	9		
7			3		4	1		

#142

		1					6	
4						3	9	
2	9		4				5	8
	2		3	5	7	8		
	7			8				1
8		5	6	1				
	1	2	7		3			9
3	4	7	8	9				5
		6		4				

#143

	6	7	5	2	3	1	9	4
2	5	9		7		3		
3	1	4		8		2		5
7		5		4			1	9
1				3			4	2
		8				7		
9	4	1	3					7
6		2	8	5				1
5	8	3	1	9	7	4		6

#144

			5			6	4	
					7	5		
				9				8
5		8		3	2		1	
9		2	6			8		3
	6		8	7	4	9		
				5		3	6	2
1	9					7		4
6						1	5	

#145

	2	8	6		7		4	1
	4	1	9			5	8	
5				1				
				2	4	6		8
	8							7
	6	9	7	8	1		5	3
	1		8	7				4
	7	4					6	
					5			2

#146

8	4			7	9	5		
		3	8	6			2	
		1	5	2		8		
		7					1	
		6		9	8		5	
			7			9	4	6
	6		3	5		1	8	
1							7	
2	8	9		1				5

#147

		5	6	2	4			7
				3		6		1
	6	4	7					
			8	1			2	
			2		9			4
	5	2	3	4			7	
							9	
5	7				3		1	6
9			5	7	2	4		

#148

	6		3	5	9			
8	5	1	7		2	6		3
9	3	4	1				7	2
6								
2		5		3	8			9
	4	8						5
5				7	3			8
4	7						5	
		3						

#149

2	4		3				8	
	5	6	2		4		3	
			5	1		6		
		2	1	9				7
4		1	7	6				3
						1	9	5
8			6		7	9	1	4
9	1	5			8			
6				3				

#150

				9		7	8	4
	4							1
	7					2		
	8				7	6	5	
7	3			6		1		8
	1	9		5			7	
		6	8	7		4		
		4						
		7	2		9		3	6

#151

					9			
				1		6		2
	7	6		2			8	
1		8	7		5			
	9	4	2	8			3	
7			4		6			8
	3			6		8		7
		1	9	7		3	2	
		7	5	4		9		

#152

	1		6					
	6	4	2				5	
					9			3
6	9					7		5
						8		
4		1			5	2	3	6
	3	6	7				8	
9			5			3	1	
7		2	3					4

#153

1	4	7				8	9	
			7					5
	5	9	1	8				2
2	7		5			4	6	9
9			4				5	
				2		3		8
		1						4
	8			9				
7		5	2	1	4	6		

#154

				1	3	8		
8		7					9	3
6	9					2		
		6			7		2	
			8				6	9
					4	1		7
4		1			6			
				3	5	7	1	
5		8			9			4

#155

8		7	6				9	5
							2	
			8	4		1		6
		2						4
6	4	1			9			
		3	5			7		1
	2			7		5		
			2	5			3	7
7			4			6	1	2

#156

8	2		1					
		7			9			
3						1	4	
	6	5	9		4	7		
4	8	9	3		7		1	6
				8			9	4
	3				1			
			5	7	6		3	
6		1		9	3		7	

#157

	3	5			8		2	
6								9
	9			5	1			3
5	7		4	6			3	8
				7	2	1		4
2		3					7	
					7	4	9	5
3								1
		7	1	9				

#158

3				1		9		
	6	9	5					
		7	9		3	1		
9				7	1	4		
6	8	3				7		5
			6		5			
	7		3	6				
			4	5	7			2
		6			8	5	4	

#159

		3		4			9	7
			3	1			8	
	6		8	5				
	4	8	6		1			9
	7		5				3	
		5	7		4	1	6	
9	3							
				7		6		5
		1		2				

#160

	1		9	3				
6	3		1	2			8	
7	9	2		5			1	4
8		3				6		2
2	4					1		5
5								
			6	8	3			
3			2		1	8		
	8	6	7		5	2		

#161

		1		2	8			
				5	4		8	3
		5				2		
	2	7	6			3		
6					5			
		3		9			6	
	9	2		1			4	
3	6					5	2	
5	1	4		8		7		

#162

		5						
		9	2	3	8	1		
6	2	8						
	6			2		4	8	
		1		9				
8	5		6		7			
					2		3	1
3					6	8	4	
5				1	4		2	

#163

4		9						
6	7	3	9		1		2	8
2						4		
			8				7	6
		6	7		2			3
		2	3		5		4	9
		8			6			
				5		7		
1		7			8			

#164

			6		7			
	5		1				4	
		4	9		5			
	6				8	5	9	
1							6	
8		9			6		3	2
5		1	8	2		4		
			5			8		
7	8			6	3		1	5

#165

9				3	7	5		4
				9			2	7
			6			9	8	
		1	9	6			7	
8	9				5		6	1
7				8			9	5
1		8	5	4	6			
3						7		
6		4		7				8

#166

1		6	9				5	8
	2		1				7	3
5			2			9	6	
2	8	9						
	5			7				9
				3		5		2
3	7							
	9	4		1		7		
6	1		7		4			

#167

	9					4		1
	7		9		4		6	2
			2		8	7		3
	8				9	3	4	
			5					
9		5		3				
	6		1					8
2			6	9			3	
				5	3	6	2	

#168

4						8		
8	3	5		1		6	9	
	2			6	8	3	4	
3	8	4	6	2		9	1	
9	7	2	8		1	4	3	
	6	1	4	9		7	2	8
6		8		4	2	1	7	
	4	7	9		5		6	
2			1	7		5	8	4

#169

					9		4	2
	5	9		6				
		6	8		2		9	
		3		4			2	
	7			3		9		5
	8	5			7	3		
8					3	4		9
6	3		2	9		8	1	7

#170

			7	9			6	
	6						7	
1		8	2	3	6	5	9	
			9					8
							2	
8	9		5	4		6		7
9	4	6	8	7	2		3	
		5			9			
	1				5			2

#171

4		6		7				
	2			6				4
9				8			2	
6		2						
5	9	7					8	
8		3	4	2	7		6	9
		9	8				4	
	8		7	1		9		
				4	2	6	7	8

#172

5	4	7			2			
8								
			8	5	9			1
				7	1		8	
9	7	8	5		4			2
	3						6	
		9				8		4
6						9	1	
		4	9				2	5

#173

7					8	9		
	6				3	5		2
		8		5			4	7
		9	3	6				
2							1	6
	8				4		2	
				9	1			5
	1	5		4				
	9			3			7	8

#174

8	7		4		5	6		
		4	1			8		
3	5							4
9	3							1
6		5		8	7	2	4	
			5			3	7	
			9		2	4	6	7
	6	2						8
					3		2	

#175

		2	9	7	4			5
			2	3	5			
				8				3
		5	3	2	9		1	
	7	9				3	5	2
	2						8	
	5		6				7	4
	6					8	3	
	1		8	4	7		9	

#176

	6	7	8	5			9	
3		9	2				7	
							6	
4	3							9
	5		4		9	6		
9		2		1			3	
		3	6			2		
2	1		9				5	6
			1	4		9	8	3

#177

2		9			5		8	7
6				9		5		
				3				6
	3	5						1
8				5	2		9	
4					1	6		
3			4			2		
1					8		3	9
5				2				8

#178

		5			6		4	9
4			9		3	1		7
						8	2	5
			1	9				2
	3	7		2			9	
	9					6	7	
	1							
6	8		3	7	1	9		
				4	9		1	

#179

1						2		
	7				9			4
					3			
9		8		7			5	
		4				9	7	3
3	1	7			5	6		
7		1	2	5				
2	3	9	6			5	8	7
		5		3			6	

#180

5		9	2	8			4	
		1				2		
8				6				5
1		7						
6			5					
	2	8			6			4
2		4	3	7	8	5		6
					9	4	7	2
	9	5			4			1

#181

		8	1	2	3	4		
	6	1			9			
2		9		8	7	3	1	5
	2					6		
			8				3	
5		4		6			8	7
9				3		7	4	
6	8				5			
				7			6	

#182

	5		7	1				9
		2					4	1
6				9				
5		3	9	6		1	8	
		9			7			6
				2				
4		1		5	9	8	7	3
		5					9	2
2		8			3			

#183

		5		9		1	3	4
6	1							
2		9	5					
			7				8	
7	2		1	3	6			
9	5	6				3		
5					1	2	4	8
4			8	6	5			
	8			2	3	5		

#184

	8	6			4		7	5
				1	6		2	
	3	2	9		5	4		
		9	3			6		
		7				9	5	
		5				7	4	
	9	8		4		5		7
5		1	7					4
4	7			2				1

#185

7		5	3				9	4
8		6	1		7	2		
	4					8		7
		3			2			
		8	9	6	5	1		
	6	1	7	8	3			
6						3		
1		4					7	
	3			9		4		2

#186

8			4	7				5
9	2		5	3	8			6
				1			7	
	3	1		9		4	8	2
		9				5	6	1
	8	6		5			9	
1		2		8	5			
								7
3	7	4	2					

#187

		8	7		9			1
	4			3				
2		9	4	5				
5				9	4		1	
	8	2						4
3			2		6	5	7	
4		3	1		5	7		
		6					3	
	1		3			4		6

#188

		4		5	9	7		1
9	7	3	1				2	5
		8		3			9	
				7			1	3
				1	5			8
	5	1		6	8		4	
					4			9
				9		6		
6					1	3		4

#189

7					5			
		6	3				5	
	5	2		7		3		4
		5	1	8	4		9	
3				6	2		8	
2	8	9	7	5	3			
					7		3	2
				3				9
	1	3		9	6	4		5

#190

	6			9		8		
				1		7	9	
4	1		5	8		2		
		4			8	9	1	2
8		1				3		7
6			3		1			
			1	7				
1	7		8	5	9			4
			4			1		9

#191

5			6	7		9	4	3
		7		9		1	2	6
2		9				5		
	8		2			6		
		1		3			5	7
9	5			8				2
	7						8	5
						7		4
		6	5					1

#192

1		5		7	4			
	9							7
			3			5		
6		8				4		5
	5	1	8					6
			6		2			3
5			1	9	7		4	
9	7		4		8		5	
	1	3						

#193

	2	8	7		1			
	6	7		4				2
		1	2			7		
	3			7			4	
					2		3	
6	8	2	4	5				
	1		9			6	5	
	7	6			4			8
2	5				6		7	

#194

5	9	3		1	2			7
4		6	8	5				1
		1	3	6	9		5	
	8	4	2		1		6	
2				8			3	9
3			9				1	
1	3	8				9		
			6	2	3			
6	4			9				

#195

	3	7					6	
	4	2		9				
			3		4			
					6	3	2	1
	1	5	9			6	8	7
	6		7		2			9
				7		1	3	
	7	6	2		1	4	9	
3						2	7	

#196

	4		3		5	9	1	
7			1		4		3	2
9			6		8	4		
2					1	3		7
	8	5	9					
4	1						5	
				3				
5	6						9	4
1	7		4		6			

#197

7	4		2			9		
		9		1		5	4	
			9					7
			7			4		5
	6				1			
		8		5	2		9	6
4		6	5	7		2		
		7	1			6	5	
9	2		3		6	7		8

#198

		9	8	5	2	4	3	
2		3						
	1	8		6			2	
9	3	5				8		6
4	2							7
7	8		3					
			6	3		1	7	
3	9				7	5		
					8	9	4	

#199

8				9	7	2		4
1	4			2		8		
						1		7
	7			3	9	5		
	6				8			
9						6		1
4		2	3		1	9		
			9					
7				8	4	3		

#200

7		6	4		5	1	3	9
		9		3				
		3	2	6			7	
9			1	5			6	
	6			9	4			
3	5				8		9	4
2			8	1				
	7	8		4				
		4			6	5		2

#201

	6		8			1		9
3		9		1	6			8
8		5					3	2
		7			3		8	
9	3				8	4		6
						3	1	
	9			8			5	
	8	2	6				9	
					9			4

#202

	1	4	3					
	6		1		5		8	
			6	4			7	2
	5			1		7	2	
1	4			2		5		6
2	9				7	8		1
			7		4		1	
	8				6			
					1	2	3	

#203

		2					4	8
4			7		9		1	
6					2	9		7
8					1		2	
	2		9			3	8	4
3		9			4			5
	6		5		8	4	9	
9		8	4				5	
			1					

#204

9	6	8		5			1	3
3				1		4	6	7
	1					5		
	3	1			9	7	5	
2						1	3	4
	5	7		3		8		9
	8				1	6	4	
			4					1
	4			6	2			

#205

7			4	9	8	1		
8		5	6			9	2	
3	9			5			8	
	8				7			
		2		4				5
		7				6	4	
		9	3					
		8	5				3	
			9		4	2		

#206

			1		8	6		2
			5		6		3	
		2		9	4			8
		6	2		7	8		
			4	8			6	
		8		1		3		5
	2	7		5		9		
	6	9				5	8	
	8					4	2	

#207

	1	7	9	6	2			
	6	4			7	8		
5	9					6		7
4				9				1
	5		1		3	4		
2	8		4			9	5	3
9			2	5		7		
	2				8			
1					9			6

#208

			8	7		1		
8	3	6		1	5			
7		1		6	4			
				8		6		
	8			5	1			
		2				4	8	
3			1	9			2	
	5				3	8	7	
			5	4	8		6	3

#209

		3			7			
		2	6					
6	1				9		2	5
				8			9	1
			3	9				
	9		2				3	7
	3	4		7	2	5	8	6
2				1		3	7	4
		5	8	4				2

#210

2			4		9		5	
			2	3		8		
							4	9
4	2		3			9		1
	7					3		
	8	5		9	7			
	9			2	3			
		2		8		7	3	
		3			6		9	

#211

	9	4	6	2		1		5
		1	7	3				8
		6	1			3		
							1	6
	6		4	9	1			
5				8			4	3
9	7	5	8		2			
						2		
6			5				8	9

#212

	2	5			8			6
				7				
7	1	8	4			3		5
		6			9			
						9	5	8
9		2	8				7	4
	5		6				3	9
			3		7	4		
	6						8	

#213

3			5		8		2	1
		6			2		7	
	8			3	7			9
9			2			8	6	
6		3		8			9	4
4	2	8			6	1	3	
		1		5		9		2
			8			7	1	
8		9		2				

#214

	3	1		6	5	8		
	9					6	3	
6		7		3				
	8		1			3		
1				4				
		6	5				2	
	6				1	9		
		3		7	2	1	6	
		4	6	9				7

#215

1	8				7		9	4
		5			4	3	8	6
							5	
	6	4		9			1	
		1		6			2	9
8	9		2	5		6	4	
				1		4	7	
				4	9			2
	5	8	6					

#216

					8	2		3
8	6				3	5		
	1	2	4				8	6
1	9	8						
5		6		7	2			
					6			
7	3	9	2	6		8		5
		5		8				
				4		7	9	

#217

	9	1						
6			9			1	5	
5	8		6	7				
								4
	6	9	2					5
	4			5	9	7		
			1	2	8		4	
					6	2		9
4			5		7	3	8	1

#218

	4				7		3	
			9				6	1
6		7	1		8	4		
8	6	9			2		4	
	7			9				
	3		5	8				9
7	9	4	2	5	1			6
		6	8					
3	2	8						7

#219

	3	6		9	7		8	2
					6			9
			5	2		4		6
		3			4		1	7
		4	7		2			5
9					5	2		3
3			1	5	8		2	
				7		5		
6	1			4			7	

#220

	9		6		5			1
		8		4		6		
			7		3	5		
8			2	7				6
		4		9		1		
2	6	3	8	5		7		
4	7			3	2			
			4			2		
1	3		9			4		

#221

7		2				8		6
		5	4				9	7
9		4	7			2		
6	9	3		4				
		8	3	9		7	6	
					5	9		
			8	2				
		7						
	2		5			6	3	1

#222

	4		6				1	8
					4	6		
		1		2	3			4
		6						7
8				4	2	5		6
			7		6		9	
9	3						2	5
		8	9		7			3
	1			3				

#223

							3	7
		9	1			5	4	6
			8		7		1	
5	3				8	2	7	
				3	9			5
	6	7		5				
4	5			8				1
7		8			6	4		
							5	8

#224

	4			6	5	2		
			4	1	7	5		
7		1		9			8	
4	3		2					7
	8			7		3	4	2
1						4		9
	7	4	1		9			
		9	5	4		7		

#225

1		7		2		3		9
9		6						
2					4	7	5	
	6		3	4		1		
			7	8		2		4
4				1		6		
	2							7
7		5		6		9	2	8
		4		7	2		1	6

#226

7	6							
			8		9		2	
	4	8			5			
						2		4
4							3	8
	5				3	6		1
	2		5		1		8	9
			9	3	4	1	6	
	3	1						7

#227

	7		6	5		9	4	
			4	7				
	2			9	3	5		
			1	6		7	8	
		1			7	6		
6	4			8			1	
5		2	7			1		3
		4				8		
			9	3			6	

#228

8	5		9			3		2
1		4		3	2			5
	3	2			4			
4	8	6						3
3	1		5				2	
		5						
	7							4
6		8	4		5	2	3	1
	4		1	9		8		

#229

			7					
6		8		9	5	2		
		2				1	5	8
5			2		3	6	4	1
				7				
	8	6					2	5
2				1		5		
					7	9	3	2
	6			3				7

#230

7				8		9		1
	5			6				
1						8		3
3	4	2	5			6		
			9			4		5
							8	
			8	9	7	5		
		8	4		2		9	7
4					6	2	3	

#231

	5	4		2				
		2		3	1			
				5	8	6		2
6	3			4		2	9	7
9			3	6	2	8		
4	2	5			7		1	6
1				7	4		3	5
2	9		5	8			6	
	4		9	1	6			8

#232

			2	7	4			
9							3	2
1	7	2	5			8	4	
	9		8	2		3	1	4
8			9	1		5		
	2	1		3			9	
	6	3		4		2	8	
		8	3	6		1		

#233

			8					
	4		1		2		7	
2	8	9		6				5
3				7		2		
8		6	2	1		7		
		2		5		1	8	
1			9			8	6	
	6		4					7
	3	7			6	9		

#234

	5	4	6		1		9	
				2				
	3						4	6
3	9				7	5		
		8			4			
			5					
9		3		5				1
	6	7		3	8	9		
1		5	9	4	2	3	6	

#235

	9		7					
		4					6	
6		5			4			3
1			2	8		6	9	4
9		6	4		5	2		7
3		2	9	6			1	
		9						
5	7			2	9			
					8	1		

#236

	3		1				6	
			7			5		
4	5	1		8			2	
		2	4	7	9			6
						1		2
		4		2	1		9	
3	6						7	
8		5						
1	2				3			9

#237

3					4			7
			5	2	7	3	6	
						2		
						6	7	8
2	5		4	7		9	1	3
	9			8			5	
	1							5
5		3	7				2	
	2	7		1			3	4

#238

	2			8	9		4	6
5		6				8	7	
8		3		2	7		5	
	1	2	4	7				
	8				1	6		
3	6	7		5	2	1		
6	5	8						
1			2	9				
		9					1	8

#239

8	1				9			
	7	3	1	5	8		6	2
2			6					
1							4	6
			3	9				8
7	6			4	1	2	5	
						3		
	9	1			2			4
5		4		6	3	1	2	

#240

4				1				7
2	8	5				4	9	
		7	4		2	3		5
5						8	3	6
	6						7	
3	7			5				
		3		4	5			
	4		3			9		8
				6	7			

#241

7				1		6		2
		1	8	7				3
3	9					8		
			2	8			6	
8		4		6	1			9
2	6	7		3	5	4	1	8
	7		4				8	5
	3			5				6
				2			9	

#242

		5		4		8	3	2
	4			7	3		9	5
1			2				4	
			4	6				9
		3	8		9		6	7
				3		2		
						6	7	
2			3		4			
	8		7			5		4

#243

5		1	2	9			8	6
	4		7	3			9	2
9				1	6	5		
					9		2	1
7								8
	2		6				5	7
	9		1		3		6	
3				2		7		9
1	5						4	

#244

	1	2			5			
		6	7	2				
		8			1	2	4	7
6				7	2		3	
		1	3	5		9	6	
	8		9				5	2
			5			4	8	
			2	9	3	6		1
	6			8		5		

#245

	9	7		3		8	1	
				5				
	8	4					9	6
		1	3					
				1	2	9	6	7
9	7							
	5	3					2	4
1	2	9		6				8
6				2			3	

#246

		4			3	7		5
8				6	4			
	7	3	8	2				
		7						
				4	9	2	7	1
					7	9		6
			5			8		9
	8	2		9		5		7
		9		3	8			

#247

			5	1		2		
9		8				3		4
		2	4			7	9	
	8		1					9
4			8			1	6	3
				3	4		2	8
8	5				1			7
7	9					6		
	3	1	9			8		

#248

	5	2		1	4			
		4		8		5		1
				3				2
1	3		9		5	4		
8		9		4			7	5
4				7		3		6
	7						5	
5		3			7			4
		8	6	5		2	1	

#249

6		3	9	7	1		2	5
5							1	
	1		8					6
9			1				6	3
2	6			4	3		9	
	5				9		7	
	3		6	1			8	
8		7		2		6		
1							5	

#250

			8		4			
3				9		1	6	
	6	2						
1	4					7		
7		6	9	5		3		2
5	2		7			9		
		5		1	3	2		
	9			7				
8				2			1	

#251

		6	7					9
2						1		
	1		9	6				
4			6	9	3		1	5
6	2		8					3
		1					8	
	4						6	
	6		5		9			
		8		2		5	7	4

#252

					1			
5	3						8	
		7		4		6	3	
6	2			5				
			6			2		5
9		5		2	3	8	4	6
			2		6		5	
		6						7
2	5	3	8				6	9

#253

5								
8	9						5	4
	4		3	7			9	1
	5	9	2				1	7
		1				4		
7				3	1			
		5	8	6				2
				2	9	1	8	3
		8	1		3	7		

#254

		2		1		4		7
8			4			6		
	3	7		2				5
		6	7				4	
			2			7		6
9			1			2	5	8
		4	6			8		1
					1			
6		1	9	8		5	7	

#255

7		6	1			3		
							2	7
2	4	3		5	9			
6	9		2	7		1		
		1			4			
	2		8	3				
		7		2				
8				1	3	4		2
	1			6	7		5	

#256

	4	5	3	2				1
			7					
8	3				1	5	2	
				3	7		8	
1	5	3	2					
		8	4		9	2		3
			8	7		6		
								5
5		2	1	9				8

#257

	2		5					
3		1		7				6
8		7		3	4	2	1	
9			2				6	
4	1	6			5	9		
	8							4
2			4			6		
		8	9				3	
5					8	7	9	

#258

		1	3		9			2
3			2		8			7
	2	5		7				
9	3					4		5
						8	1	
5			6	9		7		
8	7		1		5	9		
		6		8			7	
4			7					1

#259

					7			
9	7						4	
		4	5		1	7		
				5		1	2	7
7		1						6
6	5	9	7	1		4		8
3	9	8		7	6	5		
5	6			4		3		
							8	

#260

		8	4					7
		5						
3	9	2	7	1				
				3	6	2	7	1
		1			4	5		
9				2	1			3
	6				9		3	
	5	9			7		4	
8			1		5			6

#261

		4	6					
6	5		1		7			
	1	3		4		8		6
	2		8	1		5	9	
	8				4	2		3
	4		2	9		7		1
8	3	9				6	5	
	6		3		9			
1			5					

#262

9	8	1	7	3				
7	5			8		3	9	
2		4			9		8	
				4		1		
		5						
6	1					9		
	7		1					9
	2		8	5	4	6		
		8		9	7	4		2

#263

			7		3		6	9
4	6				8	5		
1		3		5	2	4		7
	8		5				3	
5		9						
						9		
3				6				2
9		1	3	8	5	6		
		6	9					1

#264

		6			9		3	7
	4	8		3		9		2
					1	6		
		7		6				
8							6	9
6		3		8	5	1		
	3	2		7	6			
		5	1				9	
7	8		5				2	

#265

			5	3		9		2
1		5					7	
	2			9				1
8			7			3		
9	5	1	6			4		
4		3		8		2		
						1	9	8
	1	8	9		2		3	4
	3				8	5		6

#266

		7	1		4			
				5	8	4		
		6	7		9			3
		5			6	3		
		4		3	2	5		
2		8		1		6		
	6				3			
4				8	7		3	1
8	9							2

#267

	5	7	9					
4		6					9	2
		3						
					5	2		
5	7	8	4	3		9	1	
1					8	3		
7	2		8	1				3
		5			6			
				7			2	4

#268

						1	5	
				1	9			8
				7	5	9	2	4
				2		5	8	9
8					3		6	
			1			4		3
9		3	2	5		8		
		2		8		6		
	7		9	4		3	1	

#269

			4		3	1		
						8		6
2	3	8						9
4				3		2	5	7
	8	9				6		
			1		5		8	
					1	7		8
1	2	6	3	7			9	
			5				2	1

#270

4	1				2	7		
6				9	7	1		
	2		4	1	6			
	4	6			1		8	
		5	2		4	6	3	1
		1		5				
	6						1	
	9					8	4	5
8	3				5	9		6

#271

		8		7	6	5	9	
	1	2	5	8	3	6	7	4
	5				1			2
	8			5				7
	3	9		1				
		5		3	4	8		
			4				1	
5	2		3			7	4	

#272

8			5		1	7	2	
2		5			3	1		9
					7	5		8
7	9	6	1			2		
	4	8	2					1
	5	2	7					
9					8		1	7
		7	4					
4	8				2			

#273

7		3		1		8		
1		8		9		3		
	2				8	9		1
					7	6		8
			6					7
8				5	2		4	
	7	1						2
		9		2	5		1	
	4		9		1		8	

#274

	7	5		8				
2	3				4	8		
6		4		5		3	9	1
	5	3	2			6		7
		6				4	3	
				4	6	9		
		7	4	2				3
			8	3			2	
3		2		6	7	5		

#275

		2			3			
8	6				4			
			1		7	9		
		8			1	3		4
4		9	8		5	1	6	
	3						7	8
			5		8	7		
5		7	2					
9	2						1	5

#276

			2		7			5
	7	3						
5			4	9				8
		2		3				4
			5	2	8			
9			1		4		5	2
						5	7	
8	6			7		1		
7	1			5		8		9

#277

6					9	2		
2			5		4			3
		7	2	1				
	2			9	8		1	
					1	8		
8			3	5	2	4		7
7				8	5	1	2	
		2				6		4
9	4	8		2			3	

#278

6	9	8			7			
4		7		3	1			9
	2	1			6		5	
				8			4	
2					5	9		8
				2			6	1
	1					5		
			9	1	2			6
9							3	

#279

4	2	3	9					
5		8		6	4	7		
						9		5
8		2			6		3	1
	6			3			7	
3			8			6	9	
2			3		9		6	7
	3	6			1			
9				7		3		

#280

9	2	1			3			
6					5	7	1	
3				4		9	8	
5	6	4	9		1			8
7	8	2					9	
					8		6	
2			5	8	9		4	
			6			8		
	9		4				3	

#281

9			6	3				
3	5	6	7		8			
		4	5			7		
			2	6	5			
		3		1				9
		1				6		4
6	1		9		7	5		
								7
4	3					8		

#282

8					3			
		3	5	1	2	9		8
			9	4	8			
4	5	7						
3		2		9	6	4		5
	6			5				3
5								
	3	8			5		2	4
		4	2		9	8		

#283

	1			3	4			2
					2	7		4
		6				9		3
	8						5	
	7	9	3		5			
5					8	4		6
				2		6		
8	4			6	9	1	3	
3							7	9

#284

		2		3		1		5
		9			8			
	3	1	2			4		9
			7					2
7			5	2	4	3		1
2			6	9	1		5	
3		7				5		
8							9	3
				6		8		

#285

	5		8					2
3		8						1
4			7	5	3			
5		9		1				
	2	4			8		9	5
6		3			5	2		
		5	1		7	4		
9	4		5					8
8			4		9	1	5	

#286

4	9	2	5				8	6
1		7						
	3		9	7			1	
	6	5			7	8		3
2	1		3	9			7	5
8			6					1
					6			8
	2					3		
3		6			9			7

#287

	5		2	1		4		
1	7	2	3				9	6
				9	7	1		
2	9			6			8	
5		8	1			3	4	
					9			
	1		6	2			3	
		7				6		
6	4			3	1			

#288

	6		9		1	4		
		1	2		4	7		9
		4				1	8	
	3	2		4	9			
	4		6			3		8
6			3		7			4
1							2	
				2	8		1	3
2					3	6		7

#289

	5				2			
			6	3	9			
9		2		5				6
	4				3	6	7	
	6		2			3	8	
3	8	7			6	1		2
5	1					2	6	
						9		
7	9		4		1	8	3	5

#290

5			7	2	9	1		
8								2
9	4		8			7		
	8	6		7	1		2	9
						5		7
1						3	8	6
	3			5	6			
	5	1	2				9	3
	9			3	7			

#291

7	2						8	1
		1						
			1				3	4
		2			4	3	1	
8	5	6						
			7			8	9	
		5		4				
2	3		5			7		
	9	7	8		6		4	3

#292

7			9		1	5		
5	1			6				8
8							2	4
4				7				5
6		1			4		9	
			6			8		
	9			4	6			7
2	7	5		9	8			1
					5	3		9

#293

5			9	8				
			3	4		2		5
6	8					9		1
3	6	4	8	9		1	5	2
	5	8						
		1			4			
			4	7		8	9	
				5				
		7	2	6	8			

#294

6			1	2			8	
								1
2	1	5	9			6		3
3				1	9	7		
			2	7				8
		1	4	8	5			
9	2		7			3		
5	3	6		9	1		2	
	7		3					9

#295

		9			2			1
2				7		9	3	6
		1	9		4			7
	9		3	4				5
	5			9				
		3			5			
3	2	7		5			1	9
9		5			3		4	
		4			9		5	3

#296

			4					
4	8			5	1	3		9
	6	5		3	9			
	3		5	4		7		
					7			6
		6		2	3		9	
1	2							
6	7		1		4			2
9		8	6	7	2	1		

#297

	2	1	8	7	4			3
5					6	4	7	2
		3			2			
	7				3	6	2	5
	8		2	5			4	
			6		7	3		
		7						4
8	3		4	2			5	
4								

#298

8	2	5	9					
7	9		6	8			2	
1	4	6			5			
		9	4	7			1	2
4			3	5	2	8		
5							7	
2	5		8	9				1
	1					6		
	6	4						8

#299

1	7							
6	5		1					4
		9					3	
8			3		1		4	
					6		1	
			5		4	9		
	9			4		6		
4	8	2	6	1			9	3
7	3				5		2	

#300

					5			8
	8				1	2	5	7
4		5	9				6	3
					9	8	1	
		2	6					9
			8	1	2	6	3	
	5				4	3		
1			5			9	7	
9		3						

#301

		8	7	6		4	3	1
				8		7		2
			3	1				9
		2				5		3
	4		8		3			
5	6		2					
		1			6			7
2	8			7				5
7	3		5					4

#302

3		7		8		1	5	
9	6	1	5		3			
8					4		6	
					2	4		
	9		8					
2				3	5	7	9	
			3	5				7
					1	6		9
	2	3	7			5		

#303

	1	3			9	2		
8	4	9						
2				3	7		1	
	2		3			7	4	5
5	8			1		9		2
	9	4				8		
	7						5	
			2					
9				5	1	3	2	

#304

2	4		6	9				8
6	3	9	8				7	
	8		2					3
		1		6	7			4
			1	8	9		5	6
		6	3			7	8	
4	1			2				9
5				3			2	
7					8			5

#305

				7	1			9
	4						7	
	7	8		9	3	6		
	5		1					
6	8		9	5	2		3	
4							9	6
1	9	5		6	7	3		
						9		7
	6	4					5	8

#306

	1	5	7	8			3	
3	6	2		9			1	
	7					6	5	
			6		3		9	
						5	2	
		3		5	1	4	7	
8					9			
	2		8				6	1
6	5			3		2		9

#307

	6	2		7			1	
	8	7						
			3		8	7		6
8				6		9		
		5	8		3		6	
6	2		9					
1	5	9	7	3			2	
2		6	1			4		7
	4					1		

#308

3		2			9		6	4
	9				3		2	
				8	4	9	5	3
6	1		3					2
						3	1	
8				2	5			
9		4		3	1		7	5
			4	5				
5	2		9		6			1

#309

		9	1	8				
1		8		4				
2								1
4	8	3		2				6
		7	4		3	1		
	1	2	7	6				5
	9	5			2			8
7		4				5	2	3
8			3				9	7

#310

8		9		6	7	3		
		6						
				1	8			
	2					4		6
	9	7	4					2
		1	6			9	5	
4	6		7		1			3
7			8	2	3			4
						2	1	

#311

		3		8		4		6
				5	3			
8				9	6		5	
9	5	4		2				
6		8			4			9
	2			6		5		
	6		9					7
3	8			4		1	9	
	7							4

#312

		1		8	6			7
	5	2		1		6	3	8
6	3		5	2				
		7			2			5
	8	9	6				4	3
2		5		3				
		3	7					
8	2	4			1			
9	7				3			

#313

					8		7	9
			9	3			6	
	2		6		7	5		
	4	9		8		3		7
7			3		9	8		
	1			5				
	8		5	4		6		
					6			2
				9		7	1	5

#314

4			7		3	6	1	
			4					8
	5							4
2	6					1	8	3
		9			8			
	8	1	6		4	7	9	
	7	5	3					
6		2						
9				5	6		2	7

#315

	5		2				3	4
8			3		1		2	
	6	2		5	7	9		
7		9					6	
1	2	5	9			4		7
6	3	4		7		2		
				2		1		
5				1		8		
		6	7	8				

#316

7		9				8	4	
	5			4				7
	6	3		7	1	9	2	
9		7				2		
		1		6		3		
	8				3		9	4
	7		3	1				
					2		1	
	1	6		9				2

#317

	8	2			4		7	9
				8				
		3	7	2		1	8	4
		8	1		7		4	3
7					2		1	6
9		1			3	7		8
					9		3	
		9	4	7	6			
	4						9	1

#318

5		4	8	6	7			
9	1			3				5
	2		5		1			
				8		2	4	
8	4				9			
		7	3		4	8		1
		3				7		8
				1	8			3
4				2				

#319

	5				4	2	6	7
			5					
	9	4		1			8	
				5	9	8	3	
6			8				1	
			6		1	7		
8					2			5
		9			5	1	2	8
5	2			8	3	6		

#320

	1	6		3				
	7				4			
	4	2			8		3	
	5		4	1				6
		1	8	2	7	4		
4	2				9			
	6			9	1	8		
			3			7		9
3	9						4	

www.ingramcontent.com/pod-product-compliance
Lightning Source LLC
Chambersburg PA
CBHW050252220526
45465CB00002B/649

9798748367714